小聚会创意食单

法国 Chefclub 著

中国轻工业出版社

给打开这本书的你

首先感谢你购买了 Chefclub 的第一本中文食谱书。

Chefclub 创立于 2016 年，我们的创始人受一条意外收获百万播放量的美食小视频启发，决定在创造和分享美食的道路上继续走下去。之后便有了一个国际化团队在巴黎聚集，共同致力于开发创意和创新食谱，制作美食短视频、书籍、厨具等衍生产品。我们的主创团队希望可以在创作中吸收来自世界各地的灵感，更希望把美食制作的乐趣和分享的喜悦带到更多的国家和地区。因此在 2017 年春季，我们开设了"中国频道"，发布一些更适合中国情况的食谱。期待为中国百姓的日常餐桌添一份欧式新意，也向大家证明：西餐并不仅限于高档餐厅，每个人都可以在家里试着制作，并且与朋友亲人分享这份趣味。

从品牌建立初期的"新手在厨房"，到现在的"玩乐在厨房"，我们一直都致力于和全世界分享简单烹饪的乐趣，用新奇美味的食谱，为日常每一餐和每个小聚会带来更多的享受。

烹饪如生活，美食即文化，我们希望吸纳全球饮食文化的精华，并与全世界分享这份我们热爱的事业。最后，希望你喜欢这本书。
Bonne lecture & Bon appétit!

Chefclub 团队

更好使用这本书的小建议：

1. 所有的创意都是一个灵感的基础，书中的每个食谱都可以根据你的喜好更换和调整食材。

2. 很多奶酪都是可以相互替换的，马苏里拉奶酪比较清淡，而帕玛森奶酪就稍微浓郁一些，可以根据口味选择。

3. 书中给出了千层饼皮做法，但也可以买蛋挞皮做迷你版，手抓饼皮也可以作为大尺寸版本。

4. 如果很难买到鲜奶酪，可以根据口味，用酸奶油、山羊奶酪或无糖希腊酸奶代替。

5. 因为材料（比如奶油）和工具（比如烤箱）性能不同，有时可能需要观察，并适当调整烹饪时间。

6. 本书中的材料用量与已发布视频中的说明偶尔有出入，是因为我们在制作书籍时重新校正过，根据一般家庭的情况，选择了更容易达到最佳效果的用量，如果遇到问题可以尝试微调。

7. 任何问题和建议都可以在"中国频道"私信我们，你一定会得到细心解答。

目录

甜点
绵绵蜜糖入口即化
077

饮品
欢聚的气氛才醉人
123

小食

开胃破冰只需一口

黄金牛油果吐司圈

圈圈圆圆的全套营养美味

 30 分钟 /2~4 人份

 材料

全麦吐司 2 片
牛油果 1 个
鸡蛋 2 个
切达奶酪丝 100g
培根 6 片
橄榄油 适量
盐，黑胡椒粉、葱末 各适量

 工具

平底锅
烤盘
烘焙纸

视频二维码

1 纵向切开牛油果，切出中间最大两片和吐司厚度差不多。

2 将牛油果片放在吐司上，沿牛油果边缘挖掉吐司中间部分。

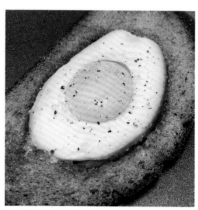

3　平底锅放少许橄榄油，用中小火加热，放入吐司和牛油果。在牛油果中心处打入一颗鸡蛋。

4　在鸡蛋上撒适量盐和黑胡椒。

5　在吐司上撒一层奶酪丝，盖上锅盖，焖3~5分钟。

6　培根用170℃烤箱烤10分钟后切碎，撒在出锅的吐司上，再撒一些葱末即可。

Tips

1 如果不喜欢半熟的蛋，可以多焖两分钟。

2 如果没有烤箱，直接用平底锅煎培根也可以。

3 剩下的牛油果可以压碎，加入少量柠檬汁，洋葱碎，香菜、盐和黑胡椒粉迅速做成牛油果酱，抹在切出来的吐司上！

火腿花塔

一口回到童年的味道

 20 分钟 /4 人份

 材料

火腿肠 4 根
比萨饼皮 1 张（可购买）
鸡蛋 4 个
马苏里拉奶酪丝 80g
葱末 适量
盐、黑胡椒粉 各适量

 工具

木签 4 根
小碗
牙签 2 根
烤盘
烘焙纸

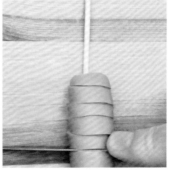

1 用木签穿入火腿肠的一侧，均匀切开火腿肠，不要切断，切除两端。

2 去掉木签后把火腿肠折成环形，用牙签固定。

视频二维码

3　借助小碗在比萨饼皮上切出四个圆片。

4　每一片饼皮上摆一个火腿肠圈，借助牙签或筷子将饼皮多余部分塞进缝隙处。

5　在火腿肠中间放入适量奶酪，盐和黑胡椒，180℃烤箱烤10分钟。

6　取出后加入一颗蛋黄再烤3分钟，（不喜欢流心蛋可以多烤一会儿），取出后撒上葱末即可。

Tips

如果没有烤箱，可在平底锅中放少许油，将鸡蛋直接打入火腿肠圈，调中小火，盖上锅盖煎3分钟即可。
比萨饼皮使用市售产品即可。

法式迷你四季比萨圈

换个方法吃比萨

 45分钟 /6人份

 材料

长方形比萨饼皮 1 张（可购买）
番茄酱汁 200g
火腿 6 片
马苏里拉奶酪丝 150g
小番茄 50g
黑橄榄 50g
蘑菇 50g
朝鲜蓟 50g（可用其他蔬菜代替）
罗勒叶、牛至碎（可用百里香代替）、橄榄油
各适量
盐、黑胡椒粉 各适量

 工具

烤盘
烘焙纸

视频二维码

1　在比萨饼皮上均匀涂上番茄酱汁，铺几片新鲜罗勒叶，再铺上火腿片和奶酪丝。

2　蔬菜都切片，饼皮分四块，分别铺上蘑菇、小番茄、黑橄榄和朝鲜蓟。卷起饼皮，冷冻10分钟定型。

3　取出比萨卷，切成约3cm厚的小块，平放在烤盘上。刷一层橄榄油，撒一些牛至碎、盐和黑胡椒，用烤箱210℃烤25分钟。取出后略微放凉即可食用。

什锦寿司宝盒

妙用冰盒，光速做寿司

 20 分钟 /4~5 人份

 材料

寿司米饭 300g
寿司醋 100ml
牛油果 1 个
蟹棒 2 根
烟熏三文鱼 1 片
奶酪 150g
金枪鱼片 50g
虾仁 8 个
芝麻 适量
葱末 适量
蛋黄酱 适量
蘸料用酱油 适量

 工具

削皮器
冰盒保鲜膜 1 个

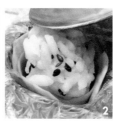

1 在大碗中混合煮好的寿司米饭，寿司醋和适量芝麻。将保鲜膜铺在冰盒上。牛油果去皮去核，切成薄片备用。

2 在冰盒的第一排铺好牛油果片并放入蟹棒小块；第二排铺上烟熏三文鱼条，然后填入适量奶酪；第三排放少许葱末并铺上金枪鱼切片，在冰盒最后一排放入虾仁和蛋黄酱。

3 在铺好底料的冰盒内填入米饭，冷藏30分钟。取出后脱模，取下保鲜膜，室温下搭配酱油食用即可。

视频二维码

牛油果寿司球

香脆又嫩滑的美味锦囊

 30分钟 /4 人份

 材料

寿司米饭 200g
培根 5 片
牛油果 2 个
鸡蛋 4 个
盐、黑胡椒粉 各适量

 工具

小碗 2 个
保鲜膜
烤盘 / 平底锅
烘焙纸

1　烤箱预热175℃，将培根片烤制15分钟待用。（没有烤箱可以用平底锅无油煎。）鸡蛋煮熟待用。

2　在保鲜膜上用米饭摆出适当大小的圆形。牛油果去皮去核，纵切成薄片，均匀铺在米饭上。

视频二维码

3 在牛油果上再铺一张保鲜膜，翻转，放入碗中，揭去米饭上的保鲜膜。

4 将烤好的培根切碎，撒在米饭上，再放入一个煮鸡蛋，撒适量盐和黑胡椒粉。

5 借助保鲜膜收口做出球形。

6 去除保鲜膜即可食用。

Tips
完美的寿司米饭不应该是很黏的哦，所以在煮米饭之前就要尽量去掉米里的淀粉。反复淘洗几次，直到淘米水变得清澈，米粒颜色更白就可以啦。

意式风情寿司卷

卷起来的亚平宁美味

 40 分钟 /4 人份

 材料

寿司米饭 200g
水 200ml
寿司醋 1 汤匙
糖 1 汤匙
火腿 8 片
腌小番茄 7 个
马苏里拉奶酪 1 块
罗勒叶 适量
意式罗勒绿酱
盐、黑胡椒粉 各少许

 工具

保鲜膜 / 寿司帘

1　寿司米饭放凉后加入寿司醋和糖，轻轻拌匀。

2　将火腿片铺在保鲜膜或寿司帘上，再铺上寿司饭，在米饭下面
一半位置，铺上罗勒叶、切片腌小番茄和奶酪块，撒一些盐和
黑胡椒粉。

3　借助保鲜膜/寿司帘卷出寿司，冷藏20分钟定型。

4　取出后切成约2厘米厚，蘸取罗勒绿酱食用即可。

视频二维码

西蓝花奶酪球

一碗裹着能量的蔬菜

 35 分钟 /4 人份

 材料

西蓝花　1 棵
蒜末　2 个的量
面包糠　150g
鸡蛋　2 个
肉丝　100g
奶酪丝　200g
盐、黑胡椒粉　各适量

 工具

烤盘
烘焙纸
搅拌机

1　西蓝花洗净后焯水2分钟，取出晾干，用搅拌机打碎。

2　混合西蓝花碎、蒜末、面包糠、鸡蛋、肉丝和奶酪丝，拌入盐和黑胡椒粉。

3　把混合物做成球状，烤盘铺上烘焙纸，烤箱预热180℃，烤15分钟即可。

视频二维码

寿司比萨块
和风与意式的混搭美味

 40 分钟 /4 人份

 材料

寿司米饭　300g
三文鱼　1 块
金枪鱼　1 块
牛油果　1 个
黄瓜　1 根
海苔　4 片
三文鱼子　适量
寿司醋、糖　各适量
酱油　适量

1 三文鱼，金枪鱼，牛油果和黄瓜都切成薄片。取两张海苔片，边缘蘸一点醋，黏成一张。

2 寿司米饭凉后加入适量寿司醋和糖拌匀。在海苔片的一边放上一层米饭。

视频二维码

3 在两边的米饭上分别铺上三文鱼和金枪鱼，再分别铺上适量牛油果和黄瓜。

4 铺好食材的部分向内卷起，做成比萨饼边的形状。

5 剩余部分铺上米饭，切出三角形。

6 分别铺一层三文鱼和金枪鱼片，再铺上剩余牛油果和黄瓜，三文鱼子码在黄瓜上。蘸酱油食用即可。

Tips

合格的寿司米饭：米饭煮好后放凉等待时，取适量寿司醋／米醋，适当加热，加入一勺糖。待米饭凉后拌入糖醋汁即可。

彩虹蛋饼

蔬菜圈出来的好味道

 25 分钟 / 6 人份

 材料

甜椒 1 个
茄子 1 个
西葫芦 1 个
小南瓜 1 个
鸡蛋 5 个
马苏里拉奶酪丝 100g
火腿丝 200g
橄榄油 适量
欧芹碎 适量
盐、黑胡椒粉 各适量

 工具

平底锅

1　蔬菜取中间最大部分切出约1厘米厚的片，挖去内芯，其余切成小丁。

2　混合鸡蛋、蔬菜丁、奶酪丝、火腿丝、欧芹碎、盐和黑胡椒粉。

3　平底锅放少量油，摆上蔬菜片，中间倒入蛋液混合物，盖上锅盖，中小火每面煎约2分钟即可。

视频二维码

奶香鸡肉咸味玛芬

不用面粉的咸味玛芬

 35 分钟 /6 人份

 材料

西蓝花 1 只
土豆 2 个
大蒜 1 瓣
蛋黄 1 个
鸡胸肉 1 块
橄榄油 1 小匙
淡奶油 / 希腊酸奶 200ml
奶酪丝 50g
欧芹碎 适量
盐、黑胡椒粉 各适量

 工具

玛芬模具（可用纸质模具）
搅拌机

1　西蓝花洗净切块，土豆和大蒜切丁，放入搅拌机，加入蛋黄和盐打碎。

2　把混合物放入玛芬模具，做成蛋糕边，放入180℃烤箱，烤10分钟。

3　鸡胸肉切小块，用橄榄油炒熟，放入模具。

4　混合淡奶油、奶酪、盐和黑胡椒粉，倒入模具。再放入180℃烤箱，烤15分钟。取出后撒上欧芹碎，可搭配沙拉食用。

视频二维码

解压薯片碎外皮烤鸡块
终于可以放肆捏薯片了

 65 分钟 / 5 人份

 材料

鸡胸肉 4 块
橄榄油 适量
蒜末 2 瓣的量
黄柠檬 1 个
青柠檬 1 个
喜欢的薯片 3 包
黑胡椒粉 适量
番茄酱 / 黄芥末酱 适量

 工具

烤盘

视频二维码

1 鸡胸肉切小块后放入碗中，倒入橄榄油，撒上黑胡椒粉，加入蒜末和柠檬片，混合均匀后放入冰箱腌制30分钟。

2 压碎薯片，将腌制好的鸡块分别放入不同口味的薯片袋，用力摇晃，使鸡块都沾上薯片。

3 烤箱预热180℃，将鸡块烤20分钟。

4 取出后可搭配番茄酱或黄芥末酱食用。

小清新多彩寿司卷
黄瓜卷出的清爽美味

🕐 30 分钟 /4 人份

🎲 **材料**

黄瓜 1 根
金枪鱼 50g
烟熏三文鱼 2 片
寿司米饭 200g
虾仁 8 个
牛油果 1 个
柠檬汁 30ml
寿司醋 100ml（可用白醋代替）
白芝麻 15g
欧芹碎 少许
酱油 30ml
蜂蜜 20g

1 寿司米饭略微放凉，加入寿司醋拌匀。黄瓜切掉两头，纵切成薄片。两端各切出1cm的小口，卷起薄片，借助切口固定出卷形。

2 在卷筒中放入适量米饭，摆上金枪鱼和白芝麻；虾仁和欧芹碎；三文鱼和牛油果。

3 酱油中加入柠檬汁和蜂蜜拌匀，寿司卷蘸取酱汁食用即可。

视频二维码

三文鱼吐司三角

适合野餐的轻食便当

 25 分钟 / 4 人份

 材料

三文鱼 2 块
鲜奶酪 250g
吐司 4 片
胡萝卜 1 根
黄瓜 1 根
低脂酸奶 1 汤匙
黄芥末酱 1 汤匙
生抽 1 小匙
葱末 适量
欧芹碎 适量

 工具

烘焙纸
烤盘

1　混合鲜奶酪和葱末，涂在吐司的一面。

2　胡萝卜焯水5分钟，去皮后纵向切成薄片。取两片吐司，在抹好鲜奶酪的一面铺一层胡萝卜片。

视频二维码

3　黄瓜纵向切薄片，铺在另外两片吐司有奶酪的一面。

4　三文鱼用180℃烤箱烤10分钟，压碎，加入酸奶，黄芥末酱，生抽和欧芹碎，充分混合。

5　取胡萝卜和黄瓜吐司各一片，在吐司空白面上涂上三文鱼混合物。

6　吐司重叠好后，切成三角形即可。

黄金三文鱼塔

一份来自北海的小惊喜

 20 分钟 / 4 人份

 材料

三文鱼 8 片
牛油果 3 个
鸡蛋 4 个
吐司 4 片
鲜奶酪 / 希腊酸奶 50g
青柠檬 1 个
食用油 少许

 工具

小碗 4 个
耐高温保鲜膜

1 小碗中铺一张保鲜膜，刷一层油，打入一个鸡蛋，扎好保鲜膜，放入沸水中煮6分钟（喜欢熟一些的可以多煮一会儿）。

2 另取小碗，铺两片三文鱼，放入一颗煮好的鸡蛋。

3 牛油果去皮去核，放入大碗中，加入鲜奶酪，挤入青柠檬汁，压成泥。填入步骤2的小碗中。吐司切成碗口大小的圆形，烤好后盖在牛油果泥上，倒扣小碗，取下即可享用。

视频二维码

油酥饼皮

 35 分钟

 材料

过筛面粉 250g
室温黄油 125g
蛋黄 1 个
水 50ml
盐 5g

 工具

约 12 英寸模具

1　混合蛋黄，盐和水，使盐充分融化，倒入面粉中间，与过筛面粉混合。

2　室温黄油切成小块，加入步骤1的面糊，用手揉碎，使黄油充分混合，做成面团，用手压扁，包上保鲜膜，冷藏20~25分钟。

3　面板上撒些面粉，取出面团，用擀面杖擀开面团，至合适大小（一般厚度约5mm），把面皮卷在擀面杖上移动，铺在模具中（可以避免破坏完整性），用手指压一压使面皮贴合模具。放入馅料前，最好用叉子在底部插一些小孔。

简易版千层饼皮

 40 分钟 /12 寸

 材料

面粉 250g
冷的黄油 200g（切小块）
冷水 100ml（快速版没有反复折叠等待的过程，要用冷水才能更好达到千层效果）
盐 5g

1　面粉，黄油块和盐稍稍搅拌匀（最好使用搅拌机器），不需要完全融化打碎黄油。

2　加入冷水，再搅拌一会儿，把面团揉成球，注意不要过度揉搓，需要保留细碎的黄油块。

3　在面板上撒些面粉，将面团擀成长方形，对折两次后再次擀平，继续重复折叠、擀平至少五次后，包进保鲜膜，冷藏30分钟后即可使用。

4　作为大块挞皮使用时，可用叉子戳些小孔，避免过度膨胀。

万圣节女巫手指卷
最需要勇气的"手指饼"

 25 分钟 /6 人份

 材料

马苏里拉奶酪 1 块（可用
其他奶酪）
火腿肠 10 根
千层饼皮 1 张（见 P27）
蛋黄液 1 个的量
浓缩番茄酱 50g
去皮杏仁 10 粒
番茄酱 适量

 工具

烤盘
烘焙纸

1　马苏里拉奶酪切成长条。

2　火腿肠纵向切开，不切断，
夹入奶酪。

视频二维码

3　将火腿肠放在千层饼皮上，切成3
　　小段。

4　卷起饼皮做出"手指"。切断处
　　可用刀略微压出"指节"。

5　手指卷放在烤盘中，刷一层蛋黄
　　液，顶端涂一点浓缩番茄酱，黏
　　上一颗杏仁作"指甲"。

6　放入烤箱，180℃烤15分钟后取
　　出，可搭配番茄酱食用。

圣诞老人奶酪卷

揪下他的胡子！

 30 分钟 /8 人份

 材料

千层饼皮（制法见
P27） 3 张
马苏里拉奶酪丝 200g
黄油 100g
番茄酱 10g
马苏里拉奶酪球 1 个
大蒜末 1 瓣的量
蛋黄液 2 个的量
黑橄榄 2 颗
红色食用色素 适量

 工具

烤盘

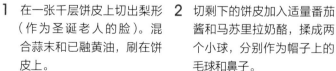

视频二维码

1　在一张千层饼皮上切出梨形
（作为圣诞老人的脸）。混
合蒜末和已融黄油，刷在饼
皮上。

2　切剩下的饼皮加入适量番茄
酱和马苏里拉奶酪，揉成两
个小球，分别作为帽子上的
毛球和鼻子。

3 奶酪丝撒在另一张饼皮，对折后放在已切好的饼皮下方，作为胡须。

4 步骤3中折叠的饼皮切出细条，并扭转出扭曲胡子的形状。

5 将第三张饼皮切出约2x15cm的长条，摆在底层饼皮的上部，作为帽子的底边，再切出一片约5x15cm的长条，两边切细长条，扭转后摆在之前的胡须上面，作为圣诞老人嘴上方的胡子。

6 把"帽子"上边折下一块，刷上一层混合了红色食用色素的蛋黄液。借助蛋黄液粘上一个面团。在面部合适位置放上面团做鼻子，整体刷上蛋黄液后，用黑橄榄做眼睛。用180℃烤箱烤20分钟即可。

主菜

超满足的分享装

西葫芦咸香玛芬

简单美味的烤箱轻食

 40 分钟 /6 人份

 材料

西葫芦 2 根
火腿丁 150g
小番茄丁 8 个的量
鸡蛋 3 个
奶酪丝 150g
淡奶油 200ml
甜椒粉 1 汤匙
葱末 适量
盐、黑胡椒粉 各适量

 工具

玛芬蛋糕模具

视频二维码

1　西葫芦纵向切薄片，铺在玛芬模具中。

2　在模具中撒火腿丁和小番茄丁。

3　将淡奶油、鸡蛋、甜椒粉、盐和黑胡椒粉拌匀，倒入玛芬模具中，顶部撒适量奶酪丝。

4　烤箱预热至180℃，将玛芬烤制25分钟，取出后撒上葱末，即可享用。

番茄蛋奶杯

清新番茄盛着奶香，美味又营养

🕐 40 分钟 /4 人份

 材料

大番茄 4 个
淡奶油 200ml
希腊酸奶 125g
奶酪丝 50g
火腿丝 150g
黄芥末酱 1 小匙
橄榄油 1 小匙
法式香料（迷迭香、百里香、罗勒、牛至混合）
生菜 适量
罗勒碎 适量
盐、黑胡椒粉 各适量

1　番茄切去顶部，挖出番茄肉待用。

2　混合鸡蛋，淡奶油，罗勒碎，盐和黑胡椒粉。

3　将火腿丝和蛋奶混合物装入番茄杯，撒上奶酪丝。烤箱预热160℃，放入番茄杯烤30分钟。

4　盘中放生菜和挖出的番茄肉。浇上酸奶、黄芥末酱，橄榄油和罗勒碎混合成的酱汁，并撒少许盐，黑胡椒粉和法式香料。烤好的番茄杯一起食用。

视频二维码

金玉火腿芦笋卷

扎出一束好吃的花

 30 分钟 /5 人份

 材料

芦笋 15 根
火腿 5 片
千层饼皮（制法见 P27）/
披萨饼皮 1 张
奶酪碎 30g
橄榄油 3 汤匙
蛋黄 1 个
黑胡椒粉 适量
芝麻 适量

 工具

烤盘
烘焙纸

1　芦笋洗净，切除根部，一片
　火腿卷起3根芦笋作为一份。

2　在芦笋头部适量淋上橄榄
　油，撒一点黑胡椒粉。

视频二维码

3　将饼皮切出5个细长条。

4　长条饼皮缠在芦笋卷外固定火腿片，缠好后的芦笋卷摆在烤盘上。

5　在饼皮上涂一层蛋黄液，撒上奶酪碎和芝麻。

6　烤箱预热180℃，将芦笋卷烤15分钟，即可享用。

奶香薯泥星星塔

摘一颗香浓的星送给你

 30分钟 /3人份

 材料

土豆 150g
鸡蛋 1个
火腿肠 8根
马苏里拉奶酪丝 100g
欧芹碎 适量
葱末 适量
盐、黑胡椒粉 各适量

 工具

牙签
烤盘
烘焙纸

  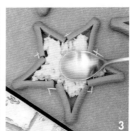 

1　火腿肠切成两段，纵向从中间切开，不要切断圆头。

2　用牙签固定成V字形。在烤盘铺烘焙纸，用火腿肠拼出五角星。

3　土豆去皮，用盐水煮熟后压成泥，与打散的鸡蛋、欧芹碎、葱末、盐和黑胡椒粉混合，填满五角星。

4　五角星上撒一层奶酪丝，用180℃的烤箱烤10分钟，取出后拿下牙签即可。

视频二维码

西葫芦香辣比萨船

用西葫芦就能做低碳水比萨

🕐 30 分钟 /3~6 人份

🍅 **材料**

西葫芦 3 根
辣味香肠 1 根
红色小番茄 4 个
黄色小番茄 4 个
马苏里拉奶酪丝 150g

🥄 **工具**

烤盘 1 个
烘焙纸

1　西葫芦纵切成两半，用勺子挖出中间部分。

2　辣味香肠和小番茄切片。

3　在西葫芦内铺一层奶酪丝，叠放上香肠片和小番茄片。

4　用180℃烤箱烤制20分钟即可。

视频二维码

缤纷甜椒鸡肉卷

内有可以吃的彩虹

 25 分钟 / 6 人份

 材料

鸡胸肉 6 块
红色甜椒 半个
黄色甜椒 半个
绿色甜椒 半个
柠檬片 半个的量
蒜末 3 瓣的量
甜椒粉 2 汤匙
辣椒粉 1 小匙
橄榄油 适量
葱末 适量
盐、黑胡椒粉 各适量

 工具

平底锅
保鲜袋
牙签

1　鸡胸肉洗净，用柠檬片，橄榄油，蒜末，辣椒粉和甜椒粉腌渍待用。

2　在燃气炉上烤甜椒的外皮。

视频二维码

3 烤过的甜椒放入保鲜袋，2分钟后
   取出。

4 用叉子刮去甜椒皮，甜椒肉切成
   条状。

5 腌渍好的鸡肉切大片，撒上适量
   盐和黑胡椒粉。铺上各色甜椒，
   卷起鸡肉并用牙签固定。

6 平底锅内倒少许油，鸡肉卷每面
   煎约5分钟，即可出锅。

Tips
甜椒加热后放入密闭容器，更容易去皮哦！

春日六珍塔

盛着山海美味的盒子

 50 分钟 /8 人份

 材料

长方形油酥饼皮 1 张（见 P27 ）

圆形油酥饼皮 2 张

番茄酱 1 汤匙

火腿丝 125g

马苏里拉奶酪 30g

黑橄榄 5 颗

酸奶油 / 酸奶 3 汤匙

熏肉丝 / 培根丝 250g

洋葱 1 个

土豆块 80g

奶酪 2 片

甜葱 1 根

熏三文鱼 1 片

黄西葫芦 1 个

绿西葫芦 1 个

胡萝卜 1 根

火腿肠 1 根

鸡蛋 4 个

淡奶油 300ml

欧芹碎 适量

盐、黑胡椒粉 各适量

✐ **工具**

烤盘

1　烤盘中撒一些面粉，铺上长方形饼皮。其他两块饼皮切出5个约2cm宽的长条，架在长方形内分出6个小方格。

2　西葫芦和胡萝卜竖切片。

视频二维码

3　在三个小方格内分别放入以下材料：番茄酱，火腿丝，马苏里拉奶酪丝和橄榄片；一部分酸奶油，一部分熏肉丝和洋葱丝；剩余酸奶油，甜葱片和三文鱼片。

4　在剩余三个小方格内分别放入土豆块，剩余熏肉丝和奶酪片；西葫芦片卷，胡萝卜片卷；做成心形的火腿肠中打入1个鸡蛋。

5　将剩余鸡蛋和淡奶油混合，加入适当盐和黑胡椒粉，分别倒入盛有蔬菜卷，火腿肠，和土豆块的三个小方格中。

6　用180℃的烤箱烤20分钟，取出后撒一些欧芹碎，即可切开食用。

春夏帕尼尼

低卡美味的早午餐聚会

 20 分钟 /3 人份

 材料

西蓝花 1 棵
鸡蛋 4 个
埃曼塔奶酪丝 150g
埃曼塔奶酪 3 片
火腿 3 片
小番茄 6 个
甜椒粉 2 汤匙
盐、黑胡椒粉 各适量

 工具

平底锅
刨丝器

1 西蓝花洗净、刨碎。

2 将西蓝花同奶酪丝、鸡蛋、甜椒粉、盐和黑胡椒粉混合。小番茄切圆片。

视频二维码

3　平底锅中放油，放入两团西蓝花糊。

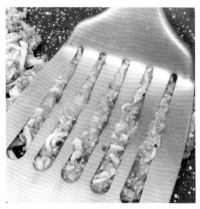

4　将西蓝花糊压平成饼状。小火煎烤3分钟后翻面。

5　在其中一块西蓝花饼上铺一片火腿，另一块上铺一片奶酪和小番茄片。

6　将两块西蓝花饼合在一起，盖上锅盖，小火再煎2分钟，即可出锅。

云朵轻食汉堡

饱腹满足的健身食谱

 材料 / 2 人份

鸡胸肉 2 块
洋葱 1 个
西红柿 2 个
鸡蛋 2 个
希腊酸奶 200g
芝麻菜
葱末
柠檬榨汁 适量
蒜末 适量
罗勒碎 适量
盐、黑胡椒粉 各适量

 工具

打蛋器
搅拌机
烤盘
烘焙纸

1 分离蛋黄和蛋白。混合 150g希腊酸奶、蛋黄和泡打粉。蛋白打发后，少量多次与酸奶混合物搅拌均匀。

2 烤箱预热200℃，用步骤1的混合物做出4块汉堡"面包"，在其中两块上撒适量芝麻，烤10分钟。

视频二维码

3　用搅拌机打碎鸡胸肉，加入切碎的半颗洋葱、柠檬汁、蒜末、罗勒碎、盐和黑胡椒粉。

4　平底锅中放少许油，用鸡胸肉混合物做出两块汉堡肉饼，中小火煎熟。

5　混合剩余的希腊酸奶，葱末，盐和黑胡椒粉，做成汉堡酱。

6　将鸡肉饼放在云朵面包上，铺上西红柿片，洋葱片，芝麻菜和汉堡酱，盖上另一块带芝麻的"面包"，即可享用。

吐司牛肉堡

一片厚切吐司就搞定的美味

 20 分钟 / 4 人份

 材料

全麦吐司 1 块
牛绞肉 400g
切达奶酪丝 100g
马苏里拉奶酪丝 100g
葱末 适量
欧芹碎 适量
盐、黑胡椒粉 各适量

1 吐司切出四个厚片，中间压平。混合两种奶酪丝，铺在底部。

2 在牛绞肉中加入盐和黑胡椒粉，再加入欧芹碎和葱末。

3 拌好的牛绞肉分成四等份，铺在吐司片中的奶酪丝上。

4 用平底锅煎吐司，先煎有牛肉的一面，再翻面煎。可搭配番茄酱食用。

视频二维码

培根土豆串串奶酪火锅
冬天里最温暖的吃食

🕐 20 分钟 /8 人份

🍅 **材料**

小土豆　1kg
培根　15 片
奶酪　8 厚片（约 200g）
大蒜末　1 瓣的量
白葡萄酒　150 毫升
欧芹碎　适量
盐、黑胡椒粉　各适量

🥄 **工具**

木签　15 支
烤盘
烘焙纸
不粘奶锅

1　小土豆洗净，与培根一起穿成15串。烤箱预热180℃，烤15分钟。

2　不粘奶锅里放入奶酪片，加热，同时加入盐、黑胡椒粉、蒜末和白葡萄酒。

3　充分搅拌至融奶酪化后离火，倒入"火锅"容器中。

4　加入欧芹碎，即可蘸入培根土豆串品尝。

视频二维码

可丽饼烤流心奶酪堡

秋冬限定的法式经典二合一

 40 分钟 /6 人份

 材料

土豆 8 个
奶酪 30 片
火腿 8 片
欧芹碎 适量
酸黄瓜 适量
盐 适量
面粉 150g
牛奶 300ml
鸡蛋 2 个
糖 1 汤匙
黄油 30g

 工具

玻璃杯 / 圆形模具
平底锅

1 土豆去皮，用盐水煮熟，切圆片。12片奶酪铺成长方形，铺4片火腿和一半土豆片，重复铺一层奶酪片、火腿片和土豆片。

2 混合面粉、鸡蛋、糖和牛奶，做成可丽饼糊。

视频二维码

3　用中小火加热平底锅，放入一小块黄油，倒入适量饼糊，加热约3分钟后翻面。

4　在中心放上一份奶酪火腿柱，均匀折起可丽饼边，呈五边形。翻面微煎至封口。

5　将做好的饼堡放回平底锅。

6　在每块饼堡上铺一片奶酪，盖上锅盖，奶酪融化即可出锅，撒上欧芹碎和酸黄瓜即可食用。

意式风琴鸡吐司

番茄和马苏里拉奶酪是亲密的食材伴侣

 40 分钟 /4 人份

 材料

吐司 4 片
蒜末 4 瓣的量
鸡胸肉 4 块
马苏里拉奶酪 4 块
小番茄 20 个
菠菜叶 100g
帕尔玛奶酪碎 70g
橄榄油 适量
盐、黑胡椒粉 各适量

 工具

烤盘
烘焙纸
筷子

1 每片吐司上倒一点橄榄油，撒上蒜末。

2 鸡胸肉横着切几刀，不要切断。

视频二维码

3　马苏里拉奶酪切片，插在鸡肉的
切口处。小番茄切片放在奶酪片
之间。撒适量盐和黑胡椒粉，淋
一点橄榄油。

4　烤盘铺烘焙纸，摆上吐司，铺几片
菠菜叶。

5　将准备好的鸡胸肉铺在吐司上，撒
适量帕尔玛奶酪碎。

6　烤箱预热190℃，烤30分钟即可。

茄香菜花比萨饼

一棵菜花就能做比萨饼底

 4 人份 /50 分钟

 材料

菜花 1 棵
土豆 半个
鸡蛋 1 个
浓缩番茄酱 150ml
火腿 2 片
马苏里拉奶酪丝 40g
黑橄榄 10 颗
芝麻菜 40g
新鲜罗勒碎 适量
盐、黑胡椒粉 各适量

 工具

搅拌机
干净的纱布
烤盘
烘焙纸

1　用搅拌机将菜花打碎至米粒大小，在沸水中煮15分钟，加适量盐和黑胡椒粉，拌匀。

2　用干净纱布挤压花菜，去除水分。

视频二维码

3 土豆煮熟并捣碎，和菜花，鸡蛋，罗勒碎混合。

4 烤盘铺烘焙纸，用混合物铺出圆形比萨饼底。烤箱预热至180℃，烤30分钟。

5 取出饼底，均匀涂上番茄酱。

6 摆上火腿片，奶酪丝和黑橄榄，放回烤箱烤10分钟。撒上新鲜芝麻菜，趁热食用即可。

Tips

水煮菜花的时候可能会有很大的气味，在水中放一片月桂叶就能解决这个问题。如果没有月桂叶，也可以在锅上盖一块布，在上面滴几滴白醋。

啤酒奶酪三明治

三明治醉了才好吃

 15 分钟 /6 人份

 材料

吐司 10 片
火腿 5 片
切达奶酪丝 200g
黄芥末酱 80g
啤酒 1 瓶
欧芹碎 适量

 工具

玻璃烤盘

1　在面包片上抹黄芥末酱。

2　在其中5片上铺火腿，做成5个三明治，对切成三角形。

3　玻璃烤盘底层铺上奶酪丝，倒入啤酒。

4　摆上三明治。烤箱预热180℃，烤15分钟。取出后撒上欧芹碎，用三明治蘸取奶酪食用即可。

视频二维码

香煎芝心墨西哥鸡肉卷

卷起浓香营养，拒绝反式脂肪

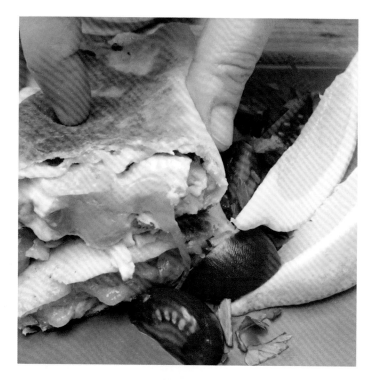

 15 分钟 /2~4 人份

 材料

腌肉料 适量
牛油果 1 个
鸡胸肉 2 块
酸奶油 2 汤匙（可用酸
奶代替）
墨西哥卷饼 2 张
切达奶酪 50g
盐、黑胡椒粉 各适量
橄榄油 适量
香菜末 适量

   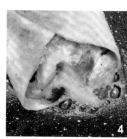

1　鸡胸肉加调料腌渍，煎熟，切块待用。

2　牛油果去皮，切成小块。混合牛油果，鸡肉，酸奶油和香菜末。

3　把奶酪丝分别铺在两张卷饼上，摆上步骤1的混合物。

4　卷起鸡肉卷，用适量橄榄油两面各煎约2分钟，上色即可。

视频二维码

菠菜面鸡肉卷

穿绿衣的鸡肉卷，健身轻食好伴侣

 25 分钟 /4 人份

 材料

菠菜叶 50g
水 50ml
全麦面粉 150g
鸡胸肉 3 块
胡萝卜 1 根
脱脂酸奶 250g
柠檬 半个
香菜 适量
盐、黑胡椒粉 各适量

 工具

搅拌机
平底锅
擀面杖

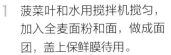

1　菠菜叶和水用搅拌机搅匀，加入全麦面粉和面，做成面团，盖上保鲜膜待用。

2　鸡胸肉切小块，翻炒熟。

视频二维码

3　胡萝卜刨丝，与酸奶、香菜、柠檬汁、盐和黑胡椒粉混合。

4　将面团擀成小圆饼，用平底锅小火每面煎3分钟。

5　取出煎饼，放在火上烤至膨胀。

6　在烤好的饼上放适量脱脂酸奶和鸡肉，卷起即可食用。

Tips
将柠檬放入微波炉加热20秒，再切开使用，可以挤出更多柠檬汁哦！

吐司腊肠比萨饼

不用做饼皮的比萨饼

 30 分钟 /2 人份

 材料

厚切吐司 4 片
马苏里拉奶酪碎 100g
帕尔玛奶酪碎 100g
西班牙腊肠 20 片
番茄酱 2 汤匙
黄油 适量
罗勒叶 适量

 工具

烤盘
烘焙纸

1 取两片吐司，抹上适量黄油。
   将吐司有黄油一面朝下，放
   入平底锅，用小火慢煎。

2 在另一面撒一些帕尔玛奶酪
   碎，放5片腊肠，再撒一些
   马苏里拉奶酪碎，盖上锅
   盖，待奶酪融化后取出。

视频二维码

3 将煎好的吐司放在烤盘上，盖上剩余吐司。

4 上层吐司涂番茄酱。

5 在番茄酱上撒少许马苏里拉奶酪碎，铺上剩余香肠。

6 烤箱预热180℃，将吐司烤10分钟，取出后撒上罗勒叶即可。

奶酪通心粉吐司杯

热情满溢的一杯面

 35 分钟 /2~4 人份

 材料

吐司 1 条
黄油 60g
欧芹碎 适量
蒜蓉 2 汤匙
淡奶油 200ml
切达奶酪丝 200g
通心粉 400g
培根碎 100g

 工具

烤盘
烘焙纸

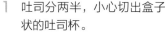

1　吐司分两半，小心切出盒子状的吐司杯。

2　黄油融化，加入欧芹碎和蒜蓉，均匀涂抹在吐司的每一面。

视频二维码

3　将吐司杯用170℃烤箱烤15分钟，至颜色金黄。

4　淡奶油在锅中用小火加热，加入奶酪丝，至完全融化混合。通心粉煮熟，培根碎炒熟，放入通心粉，加入一半的奶酪浆混合均匀。

5　拌好的通心粉放入烤好的吐司杯。

6　浇上剩余的奶酪浆，撒上欧芹碎即可。

土豆鸡蛋杯

不用洗碗的聚餐佳品

 70 分钟 /6 人份

 材料

中型土豆 6 个
鸡蛋 4 个
红洋葱 半个
火腿丝 100g
马苏里拉奶酪碎 150g
橄榄油 适量
欧芹碎 适量
盐、黑胡椒粉 各适量

 工具

烤盘
烘焙纸
玻璃烤盘

1　土豆上浇一层橄榄油，撒上盐和黑胡椒粉。

2　用170℃烤箱烤制40分钟，取出后切掉顶部。

视频二维码

3　挖空土豆内部，盛在碗中，土豆外层保持完整，待用。

4　在土豆泥中加入鸡蛋、洋葱碎、火腿丝和欧芹碎，拌匀后再倒回挖空的土豆中。

5　将土豆移至深一些的玻璃烤盘，顶部加一些奶酪丝。

6　土豆杯用170℃的烤箱烤制10分钟。（若喜欢结实口感，可多烤5~10分钟）

Tips
1 土豆中可以随意填入自己喜欢的食材。
2 为防止土豆烤裂，放进烤箱前可以用叉子略扎几个洞。

土豆芝心肉丸塔

开花的土豆可以吃

 25 分钟 /6 人份

 材料

红，绿，黄甜椒 各1个
小土豆 8个（约300g）
法式白酱 100ml（可用
奶油混合少量奶酪融化
代替）
马苏里拉奶酪丝 100g
牛肉馅 300g
红洋葱碎 1个的量
欧芹碎 适量
盐、黑胡椒粉 各适量

 工具

烤盘
烘焙纸

1 甜椒横切出约2cm厚的片，去子，放在烤盘上。小土豆横切成薄片，在甜椒圈内摆成一圈。

2 每个甜椒土豆圈中心倒适量法式白酱。

视频二维码

3　在法式白酱上撒一半的奶酪丝。

4　在大碗里混合牛肉馅，洋葱碎、欧芹碎，盐和黑胡椒粉。拌匀后搓成肉丸，放在甜椒圈中心。

5　肉丸放在甜椒圈中心顶撒剩余的奶酪丝。

6　放入烤箱，180℃烤20分钟即可。

Tips
为使土豆片更加香脆好看，可以刷一层橄榄油！

焗烤轻舟西葫芦

维生素和热量一道装船

 40 分钟 / 4 人份

 材料

西葫芦 4 根
鲜辣椒 2 个
切达奶酪丝 200g
培根 12 片
橄榄油 少许
大蒜粉 / 蒜末，盐，
黑胡椒粉 各适量

 工具

烤盘
烘焙纸

1　西葫芦纵向切去约1/3待用，下面部分挖出肉。

2　西葫芦肉切碎后同辣椒略微翻炒，撒上大蒜粉或蒜末，盐和黑胡椒粉。

3　炒过的西葫芦装回西葫芦"小船"，顶部撒一层奶酪丝。

4　将之前切下的西葫芦顶部每个缠上3片培根，同填好的西葫芦一起用180℃烤箱烤20分钟。取出后，盖上"盖子"即可。

视频二维码

绿野比萨

绿色低碳水的西葫芦比萨

🕐 60 分钟 / 4 人份

🍅 **材料**

西葫芦 2 个
面粉 150g
番茄酱 100ml
火腿 1 片
口蘑片 适量
小番茄片 适量
芝麻菜 适量
鲜奶酪 40g
牛至 适量
盐、黑胡椒粉 各适量

🥄 **工具**

刨丝器
干净棉布
烤盘
烘焙纸

1　西葫芦洗净，刨成丝，用干净的棉布挤出水分。拌入面粉，盐和黑胡椒粉。烤盘铺上烘焙纸，将面糊铺成圆饼状。烤箱预热190℃，烤30分钟。

2　取出饼皮，涂一层番茄酱 。待烤箱温度降至180℃，在番茄酱上放切碎的火腿片，小番茄片，口蘑片和牛至碎，烤10分钟。

3　取出，加上鲜奶酪块（可以用其他奶酪）和芝麻菜，即可享用。

视频二维码

红薯底乳蛋派

法式懒人家常菜

 55 分钟 /6~8 人份

 材料

红薯 500g

嫩菠菜叶 250g

蛋白 2 个鸡蛋的量

鸡蛋 4 个

洋葱 1 个

低脂牛奶 150ml

菲达奶酪 100g

盐、黑胡椒 适量

姜黄粉 适量

1 红薯去皮，切成薄片。8英寸圆形模具内抹上一层油，在底部和边上一圈铺上红薯片，180℃烤箱烤制10分钟。

2 洋葱切碎，在锅里翻炒至透明，取出待用。菠菜叶略微炒熟。

视频二维码

3　把炒好的菠菜和洋葱倒入模具。

4　混合鸡蛋、蛋白、牛奶、姜黄粉、盐和黑胡椒，也倒入模具中。

5　摆上奶酪块，180℃烤箱烤制烤35分钟。

6　取出乳蛋派，也可以再点缀一些奶酪块，搭配蔬菜食用。

圣诞风长棍蛋奶派

简单易做的法式经典

 40 分钟 /8 人份

 材料

法式长棍面包 2 根
鸡蛋 5 个
淡奶油 200ml
火腿丝 125g
青红甜椒 各半颗
马苏里拉丝 100g
切达奶酪丝 100g
盐、黑胡椒粉 各适量

1　甜椒切丁，在大碗中混合鸡蛋，淡奶油，火腿丁，甜椒丁。

2　在混合物中加入盐和黑胡椒粉搅匀待用。

视频二维码

3　长棍面包挖出中间部分。

4　将蛋奶混合物倒入挖空的面包。

5　混合两种奶酪丝，撒在蛋奶混合物上。

6　烤箱预热180℃烤20分钟。取出后撒上少许欧芹碎或葱末即可。

Tips
挖出的面包可以烤至酥脆，蘸酱或配合沙拉食用。

新年转运比萨

比萨新吃法，新年转好运

 35 分钟 /6 人份

 材料

比萨饼皮 2 张
番茄酱 200ml
马苏里拉奶酪丝 150g
培根 10 片
红色甜椒 1 个
切达奶酪 200g
罗勒叶 少量

 工具

烤盘
烘焙纸

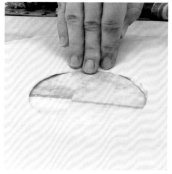

1　2张比萨饼皮的中间切除一块
　　圆形。烤盘铺好烘焙纸，在
　　一张饼皮上涂番茄酱，撒上
　　马苏里拉奶酪丝，放几片罗
　　勒叶。

2　盖上第二张饼皮，黏合边缘。

视频二维码

3　将两层饼皮切出一圈宽约1.5cm的条，内部不切断。

4　培根片切成宽约1.5cm的条，与饼皮切出的小条等长，放在每条饼皮上。

5　旋转培根和饼皮，呈麻花状。烤箱预热180℃烤15分钟。

6　甜椒切出底部一片，切出蝴蝶结形。取出披萨后用作装饰，搭配融化的切达奶酪即可食用。

Tips

想让切达奶酪更美味，可以在融化的时候加入一小瓶啤酒。

甜点

绵绵蜜糖入口即化

草莓卡仕达塔

一盘人人都爱的草莓花园

 20 分钟 / 6 人份

 材料

油酥饼皮 1 张（制法
见 P27）
蛋黄 4 个
面粉 30g
糖 120g
牛奶 50ml
香草荚 1 根
草莓 25 个
软糖 7 颗

 工具

圆形烤盘 1 个
黄豆
干燥石

1 将饼皮放入烤盘，压上黄豆
或干燥石，用 180℃烤箱烤
20分钟。

2 混合蛋黄，面粉和糖。

视频二维码

3　牛奶烧开，加入香草荚，关火后倒入面粉糊。

4　奶糊搅拌均匀后倒入烤好的饼皮中，抹平。

5　草莓切成两半，铺在卡仕达塔上拼出花朵形状。

6　每朵花中心用软糖装饰即可。

千层提拉米苏

法式可丽饼遇上意式提拉米苏

 30 分钟 / 6 人份

 材料

面粉 200g
可可粉 100g
鸡蛋 4 个
植物油 3 汤匙
牛奶 200ml
奶油奶酪 500g
马斯卡彭奶酪 500g
糖 100g
浓缩咖啡 1 杯
香草精 1 小匙
覆盆子 适量

 工具

活底蛋糕模具 1 个
平底煎饼锅 1 个
小碗 1 个

1　混合面粉、1/3的可可粉、鸡蛋和植物油，然后倒入牛奶，搅匀。

2　在平底锅中间放一个小碗，用面糊做出5个环形煎饼，每面煎2分钟。

3　混合奶油奶酪、马斯卡彭奶酪、糖，放凉的咖啡和香草精。在活底模具中间放小碗，将饼和奶酪混合物交替铺在模具中。

4　取下模具，在表层撒上剩余可可粉，用覆盆子装饰。在小碗中挤入打发奶油。

视频二维码

三重奏巧克力火锅
自制蛋糕熔岩巧克力锅

🕐 20 分钟 / 6 人份

🍞 **材料**

自制基础蛋糕
面粉 250g
糖 160g
黄油 80g
牛奶 2 汤匙
鸡蛋 4 个
熟香蕉 2 根
泡打粉 7g

火锅汤底
白巧克力 200g
黑巧克力 200g
牛奶巧克力 200g
什锦水果 适量

🥄 **工具**

蛋糕模具 1 个

   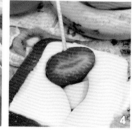

1　香蕉去皮，压成泥。加入面粉、糖、泡打粉、融化的黄油，牛奶，搅拌均匀后加入鸡蛋，再次拌匀，倒入长方形蛋糕模具中，烤箱预热165℃，烤45分钟。

2　烤好的蛋糕切除顶部一层，小心挖出三个方块，注意底部不要挖漏，挖出部分切成条形。

3　融化三种巧克力，分别倒入蛋糕上挖出的格子。

4　喜欢的水果串成串，搭配多余的蛋糕条，或直接蘸取巧克力酱享用。

视频二维码

冰火软心蛋糕

火热的巧克力也能透心凉

 25 分钟 / 6 人份

 材料

糖 70g
巧克力酱 300g
迷你雪糕 6 支
黄油 50 克
鸡蛋 4 个

 工具

小碗 6 个
烘焙纸

1 在小碗内层薄薄涂上一层黄
油，再撒一层砂糖。

2 在小碗外围上一圈烘焙纸并
固定。

视频二维码

3　将蛋白和蛋黄分离，打发蛋白。将蛋黄和巧克力酱混合，并加入一勺蛋白霜。

4　搅拌均匀后分次加入蛋白，缓慢混合完全。

5　将步骤4中的混合物倒入准备好的小碗中。烤箱预热200℃，烤15分钟。

6　取出后取下烘焙纸，在每个碗中插入一支迷你雪糕即可。

拉花闪电泡芙

松软甜蜜，击中你心

 40 分钟 / 6 人份

 材料

黄油 125g
牛奶 250ml
糖 10g
面粉 140g
鸡蛋 4 个
奶油 500ml
巧克力酱 75g
牛奶巧克力 200g
白巧克力 20g
巧克力块 适量
巧克力豆 适量
盐 少量

 工具

保鲜袋 2 个
烤盘
打蛋器

1 在锅中融化黄油，加入牛奶、糖和盐，烧开后加入面粉搅拌。关火后逐个加入鸡蛋，不停搅拌，直到面糊细腻顺滑。

2 将面糊装入一个保鲜袋，剪掉袋子一角，做成裱花袋状。在烤盘上挤出约15厘米长的面糊条。烤箱预热180℃，烤6分钟。

视频二维码

3　奶油打发后，加入巧克力酱搅拌，装入另一个剪掉一角的保鲜袋备用。

4　泡芙烤好后，用巧克力奶油填充内部。

5　融化两种巧克力，用白巧克力在牛奶巧克力上花出花纹。

6　用泡芙的一面蘸取巧克力浆，再用巧克力块或巧克力豆装饰即可。

吐司果味包

吐司也能变甜点

 20 分钟 / 6 人份

 材料

苹果 2 个
吐司（无边） 20 片
鸡蛋 1 个
巧克力酱 60g
香蕉 2 个
草莓 12 个
糖 1 汤匙
肉桂粉 1 小匙

 工具

擀面杖
烤盘
烘焙纸
筷子
刷子

1 苹果去皮，切成小丁，放入锅中，加糖和肉桂粉，略微翻炒。

2 用擀面杖压平吐司。分离蛋白和蛋黄。

视频二维码

3　取4片吐司，抹上巧克力酱。香
　　蕉切两半，裹入吐司片中。

4　草莓切小丁，放在4片吐司上，
　　再盖上4片吐司 。

5　吐司上方划两刀，四边抹一些蛋
　　白液，用筷子压紧黏合。

6　烧好的苹果丁分别夹在4对吐司
　　中。用蛋白液黏合后，用叉子压
　　出纹路。准备好的吐司包刷上一
　　层蛋黄液。用180℃烤箱烤10分
　　钟，取出后可蘸巧克力酱或果酱
　　食用。

半个苹果球挞

香脆苹果搭配柔滑内心

 25 分钟 / 4 人份

 材料

青苹果 1 个
红苹果 1 个
核桃仁 4 粒
太妃糖 4 粒
千层饼皮 2 张（见 P27）
苹果泥 100g
蛋黄 2 个
糖粉 适量

 工具

烤盘
烘焙纸
刷子

1　苹果纵切成两半，去核，空心处各放入一个核桃仁和一块太妃糖。

2　在饼皮上切出8块比苹果略大的圆形。在其中4片上划出几个平行的口。

视频二维码

3　划好的饼皮搭在倒扣的小碗上。

4　烤盘铺烘焙纸，放上4片没划过的饼皮，在中间各放一点苹果泥。

5　倒扣上苹果，有开口的饼皮外缘刷一层蛋黄液，盖在苹果上，多出的部分与下层有蛋液的部分黏合。

6　180℃烤箱烤15分钟，取出后撒上糖粉即可。

菠萝城堡奶酪蛋糕

热带的梦幻甜香

 50 分钟 / 5 人份

 材料

菠萝 1 个
菠萝汁 100ml
马斯卡彭奶酪 125g
糖粉 30g
青柠檬碎 半个的量
手指饼干 12 块
碧根果仁 适量

 工具

保鲜膜

1　切除菠萝顶部待用。菠萝纵向切成两半，将其中一半挖出果肉待用。

2　果肉切成小块，与奶酪和青柠檬碎混合。

视频二维码

3　将饼干浸入菠萝汁，取出后切成
　　两半。

4　在挖出果肉的一半菠萝中铺一层
　　保鲜膜，放一层饼干。

5　交替铺上两层奶酪糊和饼干，用
　　保鲜膜封住，冷藏30分钟定型
　　（1~2小时更佳）。

6　取出后菠萝，打开保鲜膜，倒
　　扣，脱下菠萝皮。摆好菠萝头，
　　将剩余奶酪糊涂抹在蛋糕上，摆
　　上碧根果仁即可。

Tips

剩下一半的菠萝可以做快手冰淇淋哦。取出果肉切块，冷冻至少 2
小时，取出后混合青柠檬汁打碎即可。

流纹巧克力块

在家也能做花式巧克力甜点

 45 分钟 / 6 人份

 材料

白巧克力 350g
红色食用色素 1 小匙
蓝色食用色素 1 小匙
（可选自己喜欢的颜色）
花生米 80g
焦糖酱 150g

 工具

冰盒
小碗

1 分几次融化300g的白巧克力，每次30秒，取2个小碗，分别倒入1/4白巧克力。在两个碗中分别加入红色和蓝色色素，搅拌均匀。

2 用勺子蘸取彩色巧克力，在剩余融化的白巧克力上画出花纹。略微晃动小碗，使颜色更好融合。

视频二维码

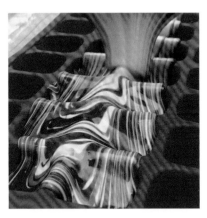

3 将混合物倒入冰盒，去除上层多
余的巧克力，冷藏15分钟定型。

4 取出冰盒，放入花生米，浇上一
层焦糖酱。

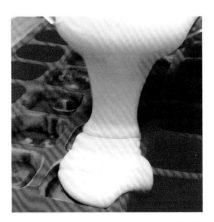

5 融化剩余的50g白巧克力，填满
冰盒。

6 用刀抹平表面后，冷藏20分钟
即可取出食用。

Tips

用巧克力做甜点的最佳温度是 30℃。测试方法：取一点巧克
力放在嘴唇上，有点热但是刚好不觉得烫就对了！

夏日彩虹冰棒

健康解暑的自制水果冰棒

 15 分钟 / 6 人份

 材料

芒果 2 个
冰块 50g
香蕉 1 根
猕猴桃 1 个
草莓 2 个
青柠檬 1 个

 工具

搅拌机
塑料杯 6 个
雪糕棒 6 个

1 芒果纵向切开，去核，切块，与冰块混合打成泥，倒入塑料杯中。

2 香蕉和猕猴桃去皮，草莓去蒂，都切成薄片，贴在塑料杯内壁。

3 青柠檬切成圆片，雪糕棒从中间穿过，再插入芒果泥，放入冰箱冷冻定型即可。

视频二维码

 Tips

冰棒化得太快怎么办？在下方托上一个纸质玛芬蛋糕模具，再也不会黏糊糊粘一手！

水果盒子蛋糕

无须模具的蛋糕

🕐 30 分钟 / 6 人份

🫕 **材料**

水果汁（1L 装）1 盒
马斯卡彭奶酪 500g
香草荚 1 根
糖粉 75g
淡奶油 1L
菠萝，芒果，香蕉，
百香果 各1个
橘子 4 个
手指饼干 适量
椰子碎 适量

🥢 **工具**

打蛋器

1 倒出果汁，留下纸盒，切去一面，待用。在马斯卡彭奶酪中加入香草荚内芯、淡奶油和糖粉，打发。

2 菠萝、芒果和香蕉切厚片。在纸盒底部铺一层奶酪，铺上一层菠萝片，再抹一层奶酪，铺上芒果片，然后抹一层奶酪，铺香蕉片，抹最后一层奶酪。

3 手指饼干浸泡过果汁后，摆在奶酪上，冷冻1小时后取出，翻面，脱模。用菠萝叶，水果块，百香果和橘子装饰，撒上椰子碎即可。

视频二维码

老鼠奶油奶酪蛋糕

谁动了我的奶酪！

 30 分钟 +4 小时（定型）/
6~8 人份

 材料

饼干 200g
黄油 50g
芒果 1 个
水 50ml
糖 30g
奶油奶酪 300g
糖粉 50g
淡奶油 500ml
胡椒粒 2 粒
巧克力棒 1 根

工具

8 英寸活底蛋糕模具
圆形小勺子
搅拌机
打蛋器

1　敲碎饼干，混合融化的黄油，铺在模具底部，压实后冷藏待用。

2　芒果肉切块，加入水和糖，打成泥。混合奶油奶酪（留出一小块），芒果泥、糖粉和淡奶油。

视频二维码

3　将步骤2的混合物打发。

4　打发后的蛋糕糊倒入模具，抹平。
　　冷藏4小时定型。

5　取出蛋糕脱模。用小圆勺挖出
　　洞，模仿"奶酪"的形状。

6　用奶油奶酪做成小老鼠造型，用
　　胡椒粒做眼睛，巧克力棒做尾巴
　　即可。

烤布蕾千层蛋糕

两款经典甜品的冬日温暖

 1 小时 / 8 人份

 材料

可丽饼糊
　牛奶 600ml
　鸡蛋 4 个
　面粉 300g
　融化黄油 50g
奶糊
　蛋黄 4 个
　面粉 60g
　砂糖 100g
　香草荚 2 根
　牛奶 500ml
赤砂糖 100g

 工具

平底锅
喷枪

1　均匀混合可丽饼糊的材料。

2　用平底锅摊出约20张饼，放凉待用。

视频二维码

3　混合蛋黄，面粉和砂糖，牛奶加入香草荚，煮开后去除香草荚，离火，倒入面粉糊搅拌。重新加热，直到质地变黏稠。

4　将步骤3的奶糊抹在可丽饼上。

5　用可丽饼和奶糊交叠成千层蛋糕。

6　顶部撒一层赤砂糖，用喷枪烧出焦糖即可。

爆浆巧克力香蕉塔

经典搭配的香浓美味

 30 分钟 / 4~6 人份

 材料

香蕉 4 根
方形千层饼皮 1 张（制法
见 P27）
焦糖酱 50ml
黑巧克力 200g
面粉 60g
鸡蛋 4 个
蛋黄 5 个
糖 60g
黄油 200g

 工具

烤盘
烘焙纸

视频二维码

1 香蕉去皮，略微切开到可以
拉直的状态。

2 切好的香蕉摆在饼皮四角，
挤上适量焦糖酱。

3　将饼皮向内卷起，形成封闭的方形，注意压紧边缘，防止漏出巧克力糊。

4　融化黑巧克力（留出几块待用），加入面粉，鸡蛋，蛋黄，糖和融化的黄油，搅拌均匀。

5　将步骤2的混合物倒入方形塔中。

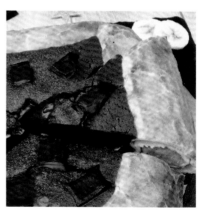

6　摆上几块巧克力，在饼皮上刷剩余的蛋黄液。烤箱预热180℃，烤12分钟即可。

几何苹果塔

比比谁的格子最漂亮

 45 分钟 / 6~8 人份

 材料

千层饼皮 1 张（制法
见 P27）
糖 150g
黄油 200g
杏仁粉 150g
鸡蛋 3 个
苹果 2 个
香草冰淇淋
杏仁碎 适量
焦糖酱 适量

 工具

圆形塔模具

1　饼皮放入模具中，底部用叉
子扎出小孔。

2　在大碗中混合糖、黄油、杏
仁粉、鸡蛋、拌匀后倒入
模具。

视频二维码

3　每个苹果切成四等份，去掉果核，横放，每块纵切去4条果肉（底部不切断）。

4　每块苹果再横向等切成5片。

5　轻轻推动苹果片，形成错位的小方格状。

6　做好的8块苹果呈星形摆在杏仁糊上。160℃烤25分钟，取出后，中间放香草冰淇淋，撒上杏仁碎和焦糖酱即可。

茶果香瑞士卷

柠檬红茶的香气卷入蛋糕

 40分钟 / 6人份

 材料

柠檬 2个
糖 150g
鸡蛋 3个
面粉 75g
泡打粉 4g
泡过的红茶包 4个
淡奶油 200ml
草莓 10个

 工具

烤盘
烘焙纸
湿布
打蛋器

1　柠檬切薄片，水中加两勺糖，快烧开时加入柠檬片，小火煮10分钟。烤盘铺烘焙纸，铺上煮好的柠檬片。

2　搅匀鸡蛋和剩余砂糖，加入面粉、泡打粉和泡过的茶包内茶渣，搅匀后铺在烤盘上，190℃烤10分钟。

3　取出蛋糕，放在烘焙纸上，盖一块湿布待凉，否则步骤4中打发的奶油会变稀。

4　打发奶油，均匀涂抹在蛋糕上，在短边铺一排草莓，卷起蛋糕，切成厚片即可。

视频二维码

焦糖苹果杯
快速甜点解决方案

🕐 40 分钟 / 4 人份

材料

苹果 2 个
砂糖 100g
糖粉 适量
奶油奶酪 300g（可以用马斯卡彭奶酪代替做成提拉米苏风味）
奶油 200ml
肉桂粉 3 小匙
黄油 20g
核桃仁 10g
焦糖饼干 150g
焦糖酱 适量

工具

玻璃杯
打蛋器
手动搅拌棒
裱花袋

1　焦糖饼干压碎，均匀铺在杯子底部。

2　苹果去皮（苹果皮不要切断，待用），切丁，放入锅中。加黄油和50g糖，小火加热，给苹果上焦糖色后，铺在饼干碎上，挤一层焦糖酱。

3　奶酪，奶油，50g糖和肉桂粉打发后装入裱花袋，挤在苹果上填满杯子，顶部撒一层饼干屑。（没有裱花袋可以直接用勺子装杯）

4　苹果卷成玫瑰花，装饰杯子，中心挤少量焦糖酱，放一个核桃仁，再撒上少量糖粉点缀即可。

视频二维码

醉人西瓜棒冰

吃西瓜也能醉

 30分钟+2小时（定型）/
6人份

 材料

西瓜　1个
椰奶　200ml
柠檬　1个
伏特加　300ml（可用柠檬
汽水代替）

 工具

雪糕棒
裱花袋
搅拌机

1　西瓜切成两半，将酒瓶倒扣西瓜中心，让酒慢慢浸渍西瓜。

2　在西瓜最宽处，切下一块5cm厚的大圆片，再切成6等份。

视频二维码

3　切掉中间部分瓜瓤。

4　从瓜皮处插入雪糕棒，做成棒冰状，冷藏待用。

5　剩余的西瓜取瓜瓤，放入搅拌机，加入椰奶和柠檬汁打碎后，放入裱花袋，冷冻2小时定型。

6　取出后，挤入准备好的西瓜棒冰中间即可。

柠香马赛克奶酪蛋糕

纽约风的奶酪蛋糕

 70 分钟 / 8 人份

 材料

焦糖饼干 200g
鸡蛋 4 个
糖 100g
希腊酸奶 400g
面粉 50g
香草荚 1 支
西柚，橙子，血橙 各 1 个
柠檬，青柠檬 各 2 个

 工具

长方形蛋糕模具（约
32cm x 22cm，
最好使用活底模具）

1 焦糖饼干压碎（可使用料理袋），铺在模具底部，压实。

2 分离蛋黄和蛋白。蛋黄中加入糖，酸奶和面粉拌匀。

视频二维码

3　蛋白打发后加入香草荚，再分三
次缓缓拌入蛋黄糊。

4　烤箱预热180℃，蛋糕糊倒入模
具中，烤制40分钟。

5　将水果切出约4厘米见方的小片。

6　蛋糕出炉后将水果片拼摆在表面
即可。

黑巧克力慕斯杯

不用模具和烤箱的甜美

 20 分钟 +1 小时（定型）/ 2 人份

 材料

早餐麦片 6 汤匙（约 120g）

已融黄油 20g

草莓 10 颗

蛋白 3 颗

糖粉 30g

黑巧克力 150g

薄荷叶 适量

工具

粗饮料瓶

打蛋器

胶带

1   将饮料瓶横剪出两个5厘米宽的条形，用胶带固定，做出圆形模具。

2   将麦片摇晃成较细的碎片。混合麦片和已融黄油，分别装入两个模具的底部，压实。

视频二维码

3 草莓纵向切半，摆入模具内壁。

4 巧克力融化后略微放凉。在蛋白中加入糖粉打发。分三次轻轻拌入巧克力。

5 把慕斯混合物填入模具，冷藏1小时取出。

6 撒上巧克力碎，用草莓和薄荷叶装饰即可。

Tips

早餐麦片可以用喜欢的饼干碎代替。

星空碗

摘一碗星星送给你

 30 分钟 / 6 人份

 材料

白巧克力 200g
蓝色，紫色食用色素
小气球 6 个（质量好的）
装饰用星星糖
打发奶油 / 冰淇淋
草莓，蓝莓等水果 适量
焦糖酱 适量

1　白巧克力隔水融化，分成两份，分别加入蓝色和紫色食用色素，搅匀。

2　再混合两份巧克力，略微搅拌。

视频二维码

3　气球洗干净，吹成合适大小，用一半蘸取巧克力酱。

4　在气球的巧克力上撒装饰星星糖，放在烘焙纸上，送进冰箱，定型10分钟后取出。

5　刺破气球，小心取下。

6　在巧克力碗中放入打发奶油或冰淇淋，加入草莓、蓝莓等水果，淋上一些焦糖酱即可。

迷你奥利奥奶酪蛋糕

最喜欢的要放在一起吃

 45 分钟 /6 人份

 材料

奥利奥饼干 一包
奶油奶酪 250g
鸡蛋 2 个
玉米淀粉 20g
砂糖 50g
巧克力 100g
草莓 少量

 工具

纸杯蛋糕模具

1　留出6块奥利奥待用，其余的分离出奶油夹心。

2　在奶油夹心中加入奶油奶酪，鸡蛋，玉米粉和砂糖，搅拌均匀。

视频二维码

3　模具里放好纸杯，底部分别放一块奥利奥。

4　每块饼干上倒入约一半奶糊，再放入一点融化的巧克力。

5　倒入剩余奶糊，抹平。

6　用巧克力拉出线条装饰。用180℃烤箱烤30分钟，取出后用饼干碎和草莓装饰即可。

恶魔眼意式奶冻

天使美味，吃的时候别发抖

20分钟+3小时（定型）/
3~6 人份

材料

猕猴桃 1 个
吉利丁片 12 片
牛奶 500ml
淡奶油 500ml
糖 30g
蓝莓 3 颗
蔓越莓酱 适量

工具

牙签
耐高温保鲜膜
小碗 3 个

视频二维码

1   猕猴桃切出3个圆片，在中间挖一个蓝莓大小的圆洞。小碗中放一张保鲜膜，各铺上一片猕猴桃待用。

2   吉利丁片泡水软化，牛奶和奶油煮开后加入糖和吉利丁片，拌匀，倒入小碗中。注意保持猕猴桃片在碗底中间，冷藏至少3小时定型。

3　取出小碗后，倒扣在盘子上脱模。

4　蓝莓切一半，摆在猕猴桃片中心。

5　在每个奶冻外围倒上适量蔓越莓酱。

6　用牙签将蓝莓酱划出花纹即可。

Tips
为使"眼睛"的感觉更逼真，可用牙签蘸取蔓越莓酱在"眼珠"周围
画一些"红血丝"装饰哦！

雪夜树桩蛋糕

红白小雪人陪你过圣诞

 45 分钟 / 6 人份

 材料

面粉 150g
鸡蛋 5 个
糖 150g
黄油 30g
淡奶油 200ml
香草荚 1 根
白巧克力 200g
棉花糖 9 颗
巧克力棒 6 根
红色食用色素 少量
黑巧克力 适量
打发奶油 适量

1 分离蛋白和蛋黄，蛋黄中加入砂糖拌匀。

2 打发蛋白后缓缓加入蛋黄泥，拌匀后再拌入面粉和融化的黄油。

视频二维码

3　面糊分成两份，其中一份加入适量红色素。

4　烤盘铺好烘焙纸，两份面糊分别装入裱花袋，在烤盘上挤出相间的条状。放入180℃的烤箱烤12分钟。

5　融化白巧克力，略微放凉。淡奶油打发后加入香草荚内心，缓缓拌入白巧克力。均匀涂在烤好的蛋糕坯上。

6　卷起蛋糕（类似瑞士卷的形状）。每个木签上穿3颗棉花糖，用糖果装饰出帽子和鼻子，用巧克力棒做手臂，再用黑巧克力画上眼睛，嘴巴和扣子。将雪人插在卷好的树桩蛋糕上即可。

麦片圣诞树

免烤箱和面粉的超可爱圣诞饼

🕐 30分钟+1小时（定型）/
4~8 人份

 材料

棉花糖 200g
黄油 150g
早餐麦片 200g
抹茶粉 3 汤匙
巧克力棒 按人数确定
彩色巧克力豆 适量
植物油 少量

1 大碗里放入棉花糖和黄油，放入微波炉融化，搅匀后加入麦片
和抹茶粉拌匀。

2 戴手套或在手上抹少量植物油，取适量麦片糊做出圣诞树
形状。

3 每棵"树"底部用一根巧克力棒做树干。

4 用彩色巧克力豆做彩灯装饰。冷藏约1小时定型，取出即可。

视频二维码

情人节爱神布丁

有你的每一天都是情人节

 120 分钟 / 2~3 人份

 材料

粉色软糖 150g
牛奶 150ml
淡奶油 100ml
砂糖 1汤匙
吉利丁片 2 片
粉色巧克力棒 若干
热水

 工具

心形模具

1　软糖加入少量热水融化搅匀，放入冰箱冷藏1小时定型。

2　牛奶和奶油加入砂糖，一起煮开，关火后加入软化的吉利丁片
　　搅匀待用。

3　取出定型的软糖冻，用模具挖出心形冻，盛入容器中心，周围
　　倒入奶糊，再冷藏1小时定型。

4　巧克力棒一头插上一颗软糖，做成箭的形状，插在定型的奶冻
　　上即可。

视频二维码

饮品

欢聚的气氛才醉人

威士忌可乐冰沙

法国大学生最爱的基础搭配

 20 分钟 / 6 人份

 材料

可乐　1.5 L
威士忌　700ml
青柠檬　1 个
樱桃　2 个
草莓　2 个

 工具

冰盒
搅拌机

1　可乐倒入冰盒，冷冻 3 小时以上，做成冰块。

2　取出可乐冰块放入搅拌机，倒入威士忌，打碎成沙冰。

3　把鸡尾酒沙冰倒入杯子，摆上装饰物即可。

视频二维码

薯片双色杯

解压的嘎吱嘎吱和咕噜咕噜

🕐 20 分钟 / 4 人份

材料

小西瓜 1 个
碎冰 1kg
伏特加 100ml
哈密瓜 2 个
起泡酒 100ml
薯片 适量

🥄 **工具**

搅拌机

  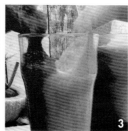 

1　挖出西瓜瓤，放入搅拌机，加入 500g 的碎冰和伏特加打碎。

2　哈密瓜横切成两半，挖出果肉，放入搅拌机，加入剩下的碎冰和起泡酒打碎，瓜皮待用。

3　两种沙冰同时倒入一个玻璃杯，可以在杯子中间放一层铝箔纸分离两种冰沙。

4　将半个哈密瓜的皮放在玻璃杯上，中心开个小孔插入吸管。在瓜皮中装入自己爱吃的薯片即可。

视频二维码

雪顶椰香蜜瓜冰

椰奶朗姆酒和蜜瓜的夏日约定

 20 分钟 / 4 人份

 材料

蜜瓜 1 个
青柠檬屑 1 个的量
冰块 20 个
蜂蜜 20ml
奶油 300ml
糖 30g
马里布朗姆酒 30ml
椰子片

 工具

玻璃杯
搅拌机
打蛋器
球形勺子

1 将杯子边缘依次蘸上蜂蜜和青柠檬屑。

2 蜜瓜切开，去子，果肉挖出小球，取几块放入杯中。

视频二维码

3 剩余蜜瓜切块，放入搅拌机，加
入柠檬汁和冰块，打成碎冰，并
分装入杯。

4 在奶油中加入朗姆酒和糖，打发
后装入裱花袋。

5 将打发的奶油挤在蜜瓜冰沙上。

6 撒上椰子片和青柠檬屑装饰即可。

Tips

开派对如果忘记准备冰块，赶紧学这一招救场：在冰盒里倒入热水而
不是冷水，冰块成型更快！

朗姆鹦鹉三色杯

穿越到里约的热带海滩

 20 分钟 / 4 人份

 材料

芒果 2 个
菠萝 1 个
猕猴桃 5 个
覆盆子 150g
蓝莓 100g
菠萝汁 600ml
马里布朗姆酒 300ml
椰子 / 香草冰淇淋 600g
椰子碎 适量
打发奶油 适量（可以省略）

 工具

搅拌机
大玻璃杯
牙签

1　芒果和猕猴桃去皮，切成小块待用。

2　搅拌机里加入覆盆子、蓝莓、200ml 菠萝汁，100ml 朗姆酒，200g 冰淇淋，打碎。芒果和猕猴桃也按此比例准备，得到三种颜色的沙冰。

3　在三个大杯中，分别分三层倒入三种沙冰。

4　菠萝保留叶子，纵切出三块，在内部中间和底部分别斜切出三角形小口，中间的小口细长。

5　用牙签固定两颗蓝莓，作为鹦鹉的眼睛。

6　借助菠萝中间的小口，将鹦鹉挂在杯壁，装饰上打发的奶油，最后撒上一些椰子碎即可。

粉色蜜桃冰饮

香甜的粉葡萄酒

 20 分钟 / 3 人份

 材料

粉葡萄酒 750ml/1 瓶
柠檬 1 个
桃子 5 个
石榴汁或其他果汁 适量
冰块 适量

 工具

玻璃杯
搅拌机

1 粉色葡萄酒冷藏备用。桃子切成小块，放入搅拌机，挤入一颗柠檬的果汁，打成果泥。

2 取出粉葡萄酒，玻璃杯中放入冰块，倒入约半杯酒。

3 倒入桃子果泥至杯子 8 分满。

4 加入一点石榴汁，用一片桃子装饰即可。

视频二维码

黄瓜金汤力

经典英式鸡尾酒

🕐 20 分钟 / 3 人份

材料

黄瓜 2 根
金酒 300ml
柠檬汽水 300ml
塔巴斯科辣椒酱（可省
略）少量
柠檬 2 个

工具

高玻璃杯
小酒杯
搅拌机

1 黄瓜去皮，切圆片，去心。放入搅拌机，加入金酒和柠檬汁，混合后倒入玻璃杯。

2 将柠檬汽水倒入小酒杯，加入几滴辣椒酱。

3 小酒杯摆在玻璃杯里的黄瓜酒泥上方。用柠檬片装饰酒杯，喝的时候混合汽水和黄瓜酒泥即可。

视频二维码

粉红西瓜沙冰

西瓜遇上粉色葡萄酒

 30 分钟 / 3 人份

 材料

粉色葡萄酒 1L
西瓜 半个
冰块 适量
盐 少许

 工具

冷冻袋
搅拌机
球形勺

1　葡萄酒倒入一个冷冻袋密封。在另一个袋子里放入冰块和盐。

2　把装有葡萄酒的袋子放入装有冰块的袋子中，合上袋子摇晃一会儿，再冷冻 5 分钟。

3　西瓜挖出适量小球，放在杯中。取出冷冻袋，将葡萄酒冰沙倒入酒杯，再用几片西瓜装饰即可。

视频二维码

超简易鸡尾酒沙冰

鸡尾酒的三剑客

🕐 15 分钟 +4 小时冷冻 /
6 人份

🍊 **材料**

橙汁 1L
可乐 330ml
苹果汁 400ml
朗姆酒 200ml
橙子 1 个
伏特加 100ml
威士忌 50ml
软糖 少量

🥄 **工具**

搅拌机
玻璃杯

1　果汁和可乐都放入冰箱冷冻 4 小时。取出橙汁，去除包装，与
　朗姆酒在搅拌机中混合。

2　将混合液体倒入杯中，切一片橙子装饰。

3　切开苹果汁盒子，用搅拌机混合苹果汁和伏特加，倒入杯中，
　用软糖装饰。

4　用搅拌机将可乐与威士忌混合。倒入杯中，用可乐味软糖装饰。

视频二维码

冰火柠檬杯

双重酒香的甜蜜感受

 20 分钟 / 3 人份

 材料

柠檬 3 个
起泡酒 200ml
伏特加 200ml
蜂蜜 120g
薄荷叶 适量

 工具

搅拌机
玻璃容器
冰盒
压汁器

1　切除柠檬的顶部，取出果肉。

2　柠檬果肉压汁，空心柠檬待用。

视频二维码

3 压出的柠檬汁装满冰格的 1/3，用适量伏特加和几滴蜂蜜填满，放一片薄荷叶，与空心柠檬一起放入冰箱冷冻 1 小时。

4 取出冰块，倒入搅拌机中，倒入起泡酒，打碎至沙冰状。

5 打碎的沙冰装进空心柠檬中。

6 用柠檬碎点缀即可。

三色水果冰

装在水果里的热带风情

 40分钟+2小时（冷冻）/
6人份

材料

橙子 3个
冰块 1kg
橙汽酒 150ml
起泡酒 150ml
气泡水 150ml
菠萝 1个
朗姆酒 100ml
柠檬 3个
蜂蜜 1汤匙
伏特加 100ml
薄荷 少许

 工具

冰盒
搅拌机

1　切除菠萝顶部，挖出果肉，保持外皮完整，用搅拌机将果肉打成汁。果汁倒入冰盒，冷冻2小时。取出后混合朗姆酒打碎。倒入空心菠萝中。

2　切除橙子顶端，保持外表完整，取出橙子肉．混合橙汽酒，起泡酒，气泡水和250g冰块，将混合物倒入空心橙子中。

3　切除柠檬顶部，取出果肉。混合果肉，蜂蜜，薄荷叶，剩余冰块和伏特加。用搅拌机混合后倒入空心柠檬中。

视频二维码

雪顶伏特加奶昔

适合夏天的派对

🕐 20 分钟 / 3~6 人份

🍊 **材料**

青、红苹果 各3 个
猕猴桃 3 个
香草冰淇淋球 3 个
伏特加 200ml（省略即
为无酒精版本）
打发奶油 适量

🥄 **工具**

搅拌机

1　苹果去心，切掉外圈果肉待用。猕猴桃切片。

2　将苹果的中间部分果肉和一半的猕猴桃放入搅拌机，加入香草
冰淇淋（可用冰牛奶或其他雪糕代替）和伏特加，打成奶昔。

3　奶昔装满杯子约 3/4，剩余猕猴桃切片贴着内部边缘放入杯子
作为装饰。

4　奶昔顶部挤上奶油花，（可以用冰淇淋球代替）剩余苹果肉切
薄片，在奶油上摆出花形即可。

视频二维码

爱尔兰威士忌雪顶

冰爽版爱尔兰风情

 20 分钟 / 2~4 人份

 材料

黑巧克力 100g
焦糖饼干 100g
冰块 500g
咖啡 100ml
淡奶油 150ml
威士忌 300ml
牛奶 50ml
可可粉 适量

 工具

搅拌机
打蛋器

1 融化巧克力，加入牛奶。在另一个碗中捣碎饼干。

2 取玻璃杯，先后蘸取巧克力酱和饼干碎，作为边缘装饰。

视频二维码

3 在搅拌机中加入冰块和咖啡,打碎成泥,倒入杯中,再倒入适量威士忌。

4 打发奶油,加入 150ml 威士忌,搅拌均匀。

5 将奶油挤在杯子顶部。

6 在奶油上撒可可粉,用饼干碎装饰即可。

冰镇伏特瓜

打开西瓜直接喝

 30 分钟 / 6~8 人份

 材料

西瓜 1 个
柠檬 2 个
伏特加 300ml
砂糖 30g
薄荷叶 适量
冰块 适量

 工具

小型龙头
搅拌机

1　西瓜切去顶部，挖去果肉。

2　果肉搅拌成泥，过滤出西瓜汁。

视频二维码

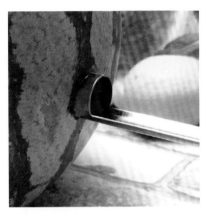

3　在西瓜中下部开一个大小合适的
　　圆口。

4　装上小型龙头（可借助保鲜膜防
　　止漏水）。

5　柠檬压汁，倒进空心西瓜中，加
　　入伏特加、砂糖和西瓜汁，搅匀。

6　杯中放冰块和薄荷叶，打开龙头，
　　让鸡尾酒流入杯中即可。

Tips

如果没有龙头，也可以将鸡尾酒装在西瓜中，再用大汤勺盛出装杯。

柠香桑格利亚

最美的西班牙水果酒

 20分钟 /8 人份

 材料

雪碧　1L
白葡萄酒　750ml
白朗姆酒　200ml
橙子　3 个
黄柠檬　2 个
青柠檬　3 个
油桃　3 个
草莓　250g
薄荷叶　适量

 工具

大玻璃碗　2 只（一只比
另一只略大）
大玻璃壶
胶带
吸管

视频二维码

1　橙子1个，青、黄柠檬各2个，横向切圆片，摆在较大玻璃碗内壁，加入适当薄荷叶，倒入约半碗的水。

2　将较小玻璃碗放入水中，两只玻璃碗边缘用透明胶带固定。放入冰箱冷冻 12 小时定型。

3　草莓去蒂后切两半，油桃去核后切两半，放入大玻璃壶。

4　在大玻璃壶中加入余下两个橙子和半颗青柠檬挤出的汁，加几片薄荷叶，倒入白葡萄酒和朗姆酒，做成桑格利亚。

5　从冰箱取出玻璃碗，分离出水果冰碗。

6　将混合好的桑格利亚倒入冰碗，最后倒入雪碧即可。

Tips

如何更容易地从两个玻璃碗之间取出冰碗呢？在较小玻璃碗中倒入热水，可以顺利取出小碗，然后将大碗放入热水中，就可以得到漂亮的柠檬冰碗啦！

图书在版编目（CIP）数据

小聚会创意食单 / 法国大厨俱乐部（Chefclub）著 .
— 北京：中国轻工业出版社，2020.2
ISBN 978-7-5184-2750-5

Ⅰ . ①小… Ⅱ . ①法… Ⅲ . ①西式菜肴 – 菜谱
Ⅳ . ① TS972.188

中国版本图书馆 CIP 数据核字（2019）第 255777 号

责任编辑：杨　迪　　责任终审：劳国强　　整体设计：锋尚设计
责任校对：李　靖　　责任监印：张京华

出版发行：中国轻工业出版社（北京东长安街6号，邮编：100740）
印　　刷：北京博海升彩色印刷有限公司
经　　销：各地新华书店
版　　次：2020年2月第1版第1次印刷
开　　本：720×1000　1/16　印张：9
字　　数：200千字
书　　号：ISBN 978-7-5184-2750-5　定价：49.80元
邮购电话：010-65241695
发行电话：010-85119835　传真：85113293
网　　址：http://www.chlip.com.cn
Email：club@chlip.com.cn
如发现图书残缺请与我社邮购联系调换
190636S1X101ZBW